Inhaltsverzeichnis • Table of Contents

Kleine Figuren mit großen Gefühlen:
Emotionen sichtbar machen mit bikablo® emotions!

Nichts ist wichtiger (und gleichzeitig schwieriger) für Facilitator* und Gruppe als Emotionen, zwischenmenschliche Prozesse und Gefühlsdynamiken auszudrücken. Bilder und authentischer Dialog sind dafür die besten Transportmittel – um Unausgesprochenes auf den Tisch zu bringen, Bedürfnisse zu äußern, Tabus anzusprechen und ein gemeinsames Verständnis der Situation zu entwickeln.

Als konsequente Weiterentwicklung unserer Visuellen Wörterbücher bikablo® und bikablo® 2.0 ist **bikablo® emotions** Ihr Begleiter in Coaching, Training, Mediation, Teamentwicklung und überall sonst, wo Menschen ihre Situation ergründen, sich verändern und besser zusammenarbeiten wollen.

Auf den nächsten Seiten finden Sie Anregungen, wie Sie die kleinen Figuren mit ihren großen Gefühlen zum Leben erwecken.

Das Trainerteam der bikablo® akademie

*mehr über die Welt von Facilitating (partizipative Prozessbegleitung) und Visual Facilitating (Prozessbegleitung durch das sichtbar machen von Dialog) und Fortbildungen dazu erfahren Sie auf unseren Websites: bikablo.com und kommunikationslotsen.de

Little figures with big feelings:
Make emotions come to life with bikablo® emotions!

Nothing is more important (and more difficult) for facilitators* and groups than expressing feelings, interpersonal processes and emotional dynamics. Images and authentic dialogue are the best means to bring what is unsaid to the table, to express needs, address taboos and develop a common understanding of the situation.

A progression of our bikablo® visual dictionaries and bikablo® 2.0, **bikablo® emotions** is your companion for coaching, training, mediation, team development and any other context in which people want to understand their situation, make changes, and work together more effectively.

In the following pages, you'll find suggestions on how you can bring the little figures and their big feelings to life.

the trainer team of bikablo® akademie

*To find out more about the world of facilitation, visual facilitation (i.e. by making dialogue visible) and related training, check out our websites: bikablo.com and kommunikationslotsen.de

Wie verwende ich bikablo® emotions?

Die neuen emotions-Figuren: Ergänzend zu den Figuren aus bikablo® und bikablo® 2.0 haben wir zwei neue Figurentypen (»einfach« und »ausgearbeitet«) entwickelt, die über Gestik und Körperhaltung unterschiedlichste Handlungen und Gefühle ausdrücken. Die »ausgearbeiteten« Figuren lernen Sie im Kapitel B kennen.

Beginnen Sie mit den einfachen Figuren und zeichnen Sie Ihre Lieblingsmotive nach unserer Anleitung ab (S. 7). Sobald Sie sicher im Umgang mit den Haltungen und Proportionen sind, können Sie die Figuren nach Ihren eigenen Vorstellungen variieren und neue Situationen erschaffen.

How do I use bikablo® emotions?

The new emotions-people: Expanding on the figures from bikablo® and bikablo® 2.0, we created two new people types ("simple" and "elaborated") that express the most diverse actions and feelings through gesture and posture. You can learn more about the "elaborated" people in Chapter B.

Start with the simple figures and draw your favorite theme according to our tutorial (p. 7). As soon as you feel confident with the postures and proportions, you can vary the people according to your imagination and create new situations.

Männlein oder Weiblein, Chef oder Außendienstler? Die emotions-Figuren sind androgyn, stellen also weder Mann noch Frau dar. Sie sind auch nicht mit einem Rang oder einer Rolle dargestellt. Wo nötig, kennzeichnen Sie die Figuren mit einfachen grafischen Elementen. Vermeiden Sie, Klischees und Stereotypen zu stark zu bedienen, da Ihre Abbildung sonst möglicherweise Ablehnung erfährt.

Male or female, boss or field staff? The emotions-people are androgynous; that is, they do not depict males or females. Moreover, they're not presented with a rank or a role. Where necessary, you can identify the people with simple graphical elements. Avoid relying too heavily on cliché and stereotypes, since your audience might not identify with your picture.

Figuren mit Symbolen kombinieren: Die emotions-Figuren haben keine Gesichter. Das macht sie neutraler und einfacher zu zeichnen. Um die gewünschte Bedeutung zu stärken, kombinieren Sie die Figuren mit den Symbolen, Sprechblasen und Emoticons aus Kapitel A. Das können Sie spielerisch ausprobieren!

eindeutig ... : Die Bildbegriffe in bikablo® emotions und die Stichworte dazu sind Inspirationen und Angebote. Verwenden Sie nur das, was für Sie funktioniert. Wenn Ihnen eine Erläuterung nicht stimmig erscheint, verwenden Sie Ihre eigene Deutung des Motivs. Wenn Sie im Dialog eine eindeutige (Bild-)Aussage treffen wollen, sollten Sie Ihre Deutung dazusagen oder -schreiben.

... und mehrdeutig: Überlassen Sie es Ihren Gesprächspartnern, was sie selbst in den Bildern sehen – und welche Emotionen diese bei ihnen auslösen! Beispielsweise können Sie eine emotionale Situation aus Kapitel D zum Gesprächsanlass nehmen und fragen, was Ihre Gesprächspartner oder Teilnehmer darin sehen.

Combining people with symbols: The emotions-people do not have faces. This makes them neutral and easier to draw. In order to reinforce the desired meaning, combine the people with the symbols, speech bubbles and emoticons from Chapter A. Play around and try it out!

clear...: The images in bikablo® emotions and the associated key words represent inspiration and ideas. Only use what works for you. If an explanation does not seem fitting to you, assign the theme your own meaning. When you want to make a clear, unambiguous (picture) statement, you should say or write your meaning in addition.

... and indefinite: Allow your discussion partners to determine what they themselves see in the images, and the emotions that the pictures trigger in them. For example, you could use an emotional situation from Chapter D as a conversation starter and ask your discussion partners or participants what they see in it.

Die ideale Ergänzung: bikablo® icons Die 30 positiven und 30 negativen Gefühle aus Kapitel B sind Teil der Kartenbox **bikablo® icons** (Bezug: www.neuland.com, Seite 80) Die icons-Karten können Sie z. B. für Stimmungsabfragen oder Gesprächseinstiege verwenden. Ergänzende Kartensets mit weiteren bikablo® emotions-Motiven sind in Vorbereitung.

The ideal expansion: bikablo® icons The 30 positive and 30 negative feelings from Chapter B are part of the **bikablo® icons** card box (see: www.neuland.com, p. 80). You can use the icon cards to inquire about mood or as a conversation starter, for example. Expansion card sets with more bikablo® emotion themes are in preparation.

bikablo® icons

Inspirieren Sie uns! Haben Sie eine neue Visualisierung mit den emotions-Figuren entwickelt, die Sie mit der Community teilen möchten? Schicken Sie uns ein Foto davon (info@kommunikationslotsen.de) – vielleicht können wir Ihre Idee in einer zukünftigen Publikation würdigen.

Inspire us! Have you developed a new visualization with the emotions-people that you want to share with the community? Send us a picture of it (info@kommunikationslotsen.de) – we could pay tribute to your idea in a future publication.

Ein bikablo®-Training bringt Sie weiter! Haben Sie Feuer gefangen für Visualisierung und möchten souveräner werden im Zeichnen, Gestalten von Plakaten und die Anwendung in der Gruppenarbeit? Gerne begrüßen wir Sie auf einem unserer bikablo® Visual Facilitating Trainings. Aktuelle Angebote und Termine unter www.kommunikationslotsen.de/training

bikablo® training takes you further! Do you have a passion for visualization and want to be better at drawing, arranging posters and their application in group work? We would be happy to welcome you to one of our bikablo® Visual Facilitating Training Sessions. Current offers and dates are available at www.kommunikationslotsen.de/training *(or arrange an inhouse training session for your team!)*

Wie zeichne ich die einfachen bikablo® emotions-Figuren?
How do I draw the simple bikablo® emotions-people?

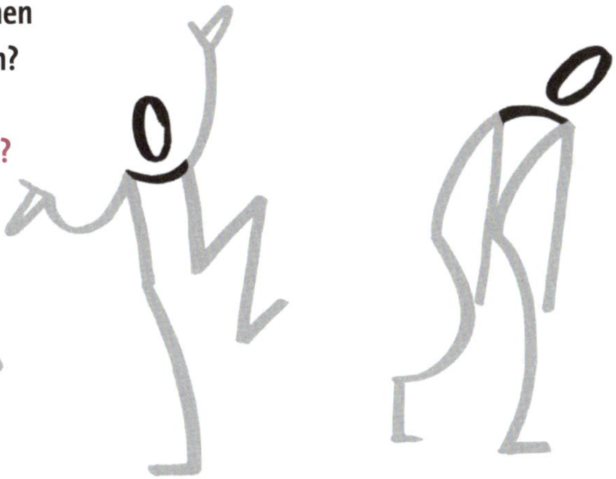

Beginnen Sie mit dem **Kopf** und der **Schulterlinie.** Der Kopf ist ein Oval, das ggf. in eine Richtung geneigt ist. Die Schulter ist entweder gerade oder nach oben oder unten gebogen.

Begin with the head and the shoulder line. The head is an oval that may be nipped in a certain direction. The shoulders are either straight or turned upwards or downwards.

Der **Rumpf** besteht aus zwei Linien. Auch hier ist wichtig: Ist er gerade oder biegt er sich dynamisch in eine Richtung?

The **torso** comprises two lines. It is also important here to notice if it is straight or bent dynamically in a certain direction.

Setzen Sie dann, wenn nötig, **Beine und Füße** an. Gelenke werden durch einen Winkel oder einen Bogen angedeutet, Füße sind ein abgewinkelter Endstrich. Auch hier ist die Richtung entscheidend.

Then add **legs and feet** as necessary. Joints are indicated by an angle or an arch and feet are an angled end stroke. The direction is important here also.

Zeichnen Sie dann die **Arme.** Für die Gelenke gilt das gleiche wie bei den Beinen. Für **Hände** gibt es je nach Gestik einfache, auf das Wesentliche reduzierte Lösungen. Hier ist Ihr Blick fürs Detail gefragt.

Then draw the **arms.** The joints are treated in the same way as on the legs. For **hands,** there are simple solutions that we have reduced down to the bare essentials, depending on the gesture. This is where your eye for detail comes into play.

Am Schluss können Sie mit grau oder einer hellen Farbe den Körper **colorieren** oder einen **Schatten** anlegen – fertig! Wenn Sie beides kombinieren, empfiehlt sich für den Schatten das Grau.

Finally you can **color** the body with grey or with a light color or add a **shadow** – finished! If you combine both then the shadow should be in grey.

Wie zeichne ich die ausgearbeiteten bikablo® emotions-Figuren?
How do I draw the elaborated bikablo® emotions-people?

Bei den ausgearbeiteten, »plastischen« Figuren ist die Reihenfolge der Schritte entscheidend, da oft die Arme vor dem Rumpf liegen und deshalb zuerst gezeichnet werden müssen. Beginnen Sie wieder mit **Kopf** und **Schulterlinie.**

For the elaborated, “vivid” people, the sequence of steps is decisive, since the arms can be located in front of the torso and therefore must be drawn first. Start with the **head** and **shoulder line.**

Zeichnen Sie dann **Arme** (zwei zulaufende Linien) und **Hände.** Achten Sie auf die kleinen Lücken zwischen den Linien! Dann ergänzen Sie die Konturen des **Rumpfs.**

Then draw the **arms** (two tapering lines) and **hands.** Pay attention to the small gaps between the lines. Then expand the contours of the **torso.**

Setzen Sie nun direkt an die Rumpf-Linien die **Beine** an. Liegen die Beine übereinander, beginnen Sie mit dem vorderen. Dann setzen Sie mit einem Strich die **Füße** an. Für jede Linie gilt auch hier:

- Wo setzt sie an?
- Wie lang ist sie?
- In welche Richtung weist sie?
- In welche Richtung ist sie gebogen oder geknickt?

Now attach the **legs** directly to the torso lines. If the legs are positioned over one another, start with the front leg. Then draw the **feet** with a simple line. The following applies to each line:

- Where does it begin?
- How long is it?
- In which direction does it go?
- Is it curved or bent in any direction?

Ist der Körper vollständig, können sie ihn nun wiederum **schattieren, colorieren und farbig hinterlegen.** Achten Sie beim Schatten darauf, dass er stets konsequent an den rechten und unteren Kanten der Fläche geführt werden.

Once the body is complete, you can **shade or color it** in and **add a colorful background.** When adding shadow, make sure to place it consistently at the right and lower edges of the surface.

Emotionen symbolisch darstellen
Present Emotions Symbolically

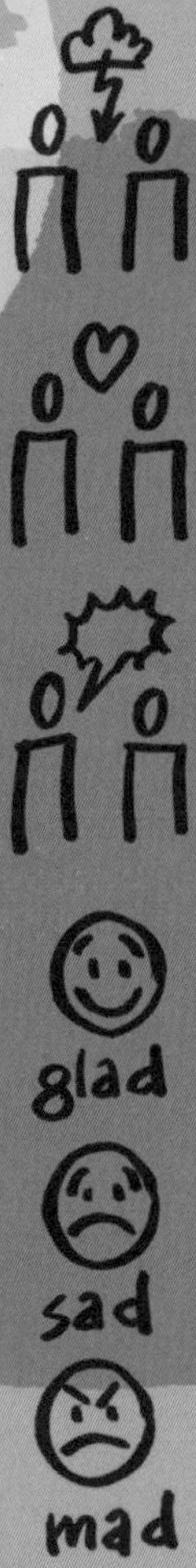

Machen Sie sich den Einstieg leicht! Den ersten Schritt in die Welt der Emotionen machen Sie mit den **Symbolen:** Zwei Figuren + Gewitterwolke = Streit. Zwei Figuren + Herz = Liebe. Mehr brauchen Sie zunächst nicht, um einfache Bildbegriffe für Emotionen herzustellen.* Die Stichworte neben den Symbolen sollen Sie anregen, Ihre eigene Deutung zu finden.

Zwei Figuren + Sprechblase = Dialog! Unser kleines Sortiment an **Sprechblasen** gibt Ihnen die Möglichkeiten, Gespräche und Gesprächsinhalte emotional einzufärben.

Auch die **Emoticons,** die Sie von Ihrem Handy oder aus Internetforen kennen, sind schnelle Hilfsmittel, um Gefühle auszudrücken. Was stimmt mich glücklich, traurig oder wütend? Drei Felder auf ein FlipChartblatt , die entsprechenden Emoticons drüber – fertig ist die Vorlage für eine Stimmungsabfrage in der Gruppe!

Make it an easy start! Take your first step into the world of the emotions with the **symbols:** two people + thunderclouds = conflict; two people + heart = love. You don't need any more than that at first to create simple image concepts for emotions. The key words next to the symbols should encourage you to find your own meaning.

Two people + speech bubble = dialogue! Our small selection of **speech balloons** gives you the opportunity to add emotional color to conversations and discussion subjects.

Emoticons, which you probably recognize from your mobile phone or internet forums, offer quick ways to express emotions. What makes me happy, sad or furious? Draw three fields on a flip chart sheet, add the corresponding emotions – and the template for inquiring about the mood in the group is complete.

*die hier gesammelten Symbole und noch 100 weitere finden Sie in der Kartenbox **bikablo® icons,** Bezug über www.neuland.com, Seite 80)

* You can find the symbols shown here and 100 others in the bikablo® icons card box; see www.neuland.com, page 80)

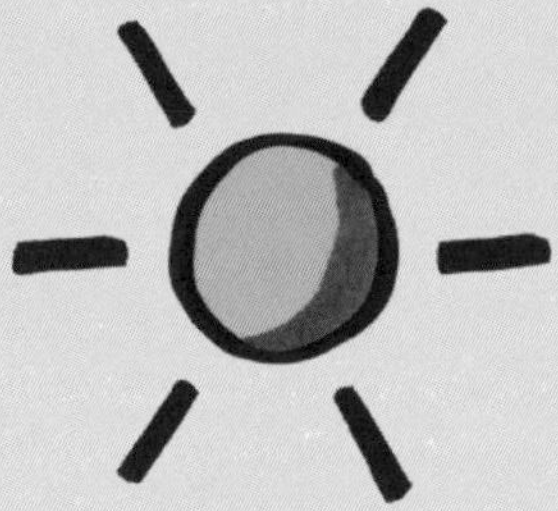

Freude
Fröhlichkeit
Energie
Stimmungshoch
Joy
Cheerfulness
Energy
Elevated mood

Stimmungsaufhellung
Hoffnung
Zuversicht
Brightening mood
Hope
Confidence

Traurigkeit
Trauer
gedrückte Stimmung
Sadness
Sorrow
Gloom

Ärger
Konflikt, Streit
Wut
Spannung
Annoyance
Conflict, contention
Fury
Tension

frischer Wind
Bewegung
Dynamik
Durchzug
Fresh wind
Movement
Dynamic
Draft

Kälte
frostige Stimmung
Stillstand
Coldness
Frosty mood
Standstill

Liebe
Zugewandtheit
Zuneigung
Vorliebe
Love
Attentiveness
Affection
Preference

Energie, Power
Leidenschaft
Engagement
Motivation
Energy, power
Passion
Engagement
Motivation

Inspiration
Kreativität
Idee
Energie
Inspiration
Creativity
Idea
Energy

Spannung
Druck
verdeckter Konflikt
Konfliktpotenzial
Tension
Pressure
Hidden conflict
Conflict potential

Wertschätzung
Sieg
Wert
Überlegenheit
Appreciation
Victory
Value
Superiority

Hass
Gefahr
Auswegslosigkeit
Angst
Hate
Danger
Hopelessness
Anxiety

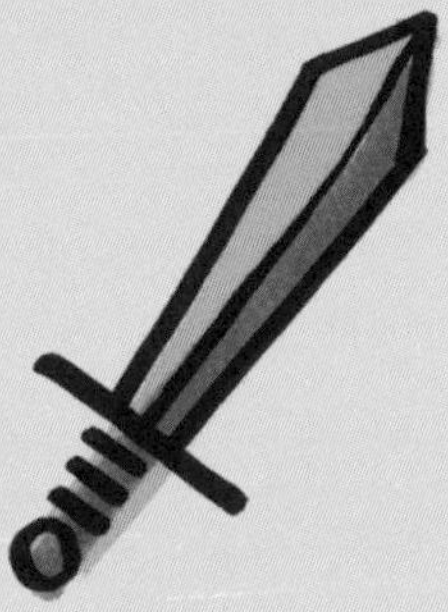

Streit
Konflikt
Auseinandersetzung
Aggression
Contention
Conflict
Dispute
Aggression

Ausgeglichenheit
Einklang
Fairness
Schlichtung
Equilibrium
Unity
Fairness
Reconciliation

Frage
Unsicherheit
Ratlosigkeit
Question
Uncertainty
Cluelessness

Antwort
Lösung
Sicherheit
Direktive
Answer
Solution
Certainty
Command

neutrale Aussage
Dialog
Beitrag
Neutral statement
Dialogue
Contribution

leidenschaftliche/
engagierte Aussage
Plädoyer
Idee
Passionate/engaged
statement
Pleading
Idea

sachliche Aussage
Direktive
Information
Factual statement
Command
Information

vage Aussage
Unsicherheit
Angst
Vague statement
Uncertainty
Anxiety

unfertige Aussage
Flüstern
Incomplete statement
Whisper

wolkige Aussage
Ungenauigkeit
Fabulieren
Dreamy statement
Imprecision
Fabulation

emotionale Aussage
Wut
Streit
Emotional statement
Fury
Contention

gedachte Aussage
Gedanke
Idee
Illusion
Thought statement
Thoughts
Idea
Illusion

Fröhlichkeit
Zustimmung
gute Stimmung
Merriment
Agreement
Good mood

Boshaftigkeit
Hinterlist
Gemeinheit
Schlitzohrigkeit
Spite
Deceit
Meanness
Slyness

Verlegenheit
Schüchternheit
Verliebtheit
Embarrassment
Shyness
Infatuation

Wohlwollen
Ironie
Verbrüderung
Goodwill
Irony
Fraternization

Freude
Glück
Ausgelassenheit
Joy
Happiness
Exuberance

Gelassenheit
Entspannung
Träumerei
Zufriedenheit
Composure
Relaxation
Dreaming
Satisfaction

Erstaunen
Entsetzen
Überraschung
Amazement
Fright
Surprise

Ratlosigkeit
Frage
Unsicherheit
Cluelessness
Question
Uncertainty

Traurigkeit
Enttäuschung
Desillusionierung
Unmut
Sadness
Disappointment
Disillusion
Discontent

Ärger
Wut
Frust
Annoyance
Fury
Frustration

Einschüchterung
Bekümmerung
Intimidation
Distress

Aggression
Wutausbruch
Aggression
Outburst of rage

Langeweile
Missmut
Frust
Boredom
Displeasure
Frustration

Frust
Enttäuschung
Frustration
Disappointment

Irritation
Unentschlossenheit
Unsicherheit
Irritation
Indecision
Uncertainty

Provokation
Respektlosigkeit
Unmut
Provocation
Disrespect
Discontent

Gefühlswelten mit Figuren
Emotion Worlds with Figures

B

In unserem Katalog der Grund-Emotionen stellen wir den »einfachen« emotions-Figuren die »ausgearbeiteten« gegenüber. Er besteht aus **30 positiven und 30 negativen Gefühls-Darstellungen.** Positiv und negativ? Marshall B. Rosenberg, dessen Werk »Gewaltfreie Kommunikation – eine Sprache des Lebens« (Junfermann Verlag Paderborn) uns zu dieser Sammlung inspiriert hat, beschreibt sie eher als »Gefühle, die wir wahrscheinlich haben, wenn sich unsere Bedürfnisse erfüllen bzw. nicht erfüllen«.

Gemäß dieser Definition können Sie die Motive in Ihrer Arbeit verwenden: Welches Motiv drückt meine momentanen Gefühle am besten aus? Welches Bedürfnis (Kapitel C) ist erfülllt oder nicht erfüllt? Oft braucht es keine zusätzlichen Worte, um sich von den eigenen Gefühlen ein »Bild« zu machen!

In our catalogue of basic emotions, we place the "simple" emotions-people next to the "elaborated" ones. It consists of **30 positive and 30 negative feeling illustrations.** Positive and negative? Marshall B. Rosenberg, whose work "Nonviolent Communication: A Language of Life" (Puddle Dancer Press) inspired us in this collection, describes them as "Feelings that we likely experience when our needs are fulfilled or unfulfilled."

With this definition in mind, you can use the themes in your work: Which theme best expresses my feelings at this moment? Which need (Chapter C) is met or not met? Often, we don't need any additional words to create an "image" of our own feelings.

Auch die hier gesammelten Motive (in der einfachen Darstellung) und noch viele weitere finden Sie in der Kartenbox **bikablo® icons,** Bezug: www.neuland.com, Seite 80)

You can find the themes shown here (in the simple illustration) and many others in the **bikablo® icons** card box, see www.neuland.com, page 80)

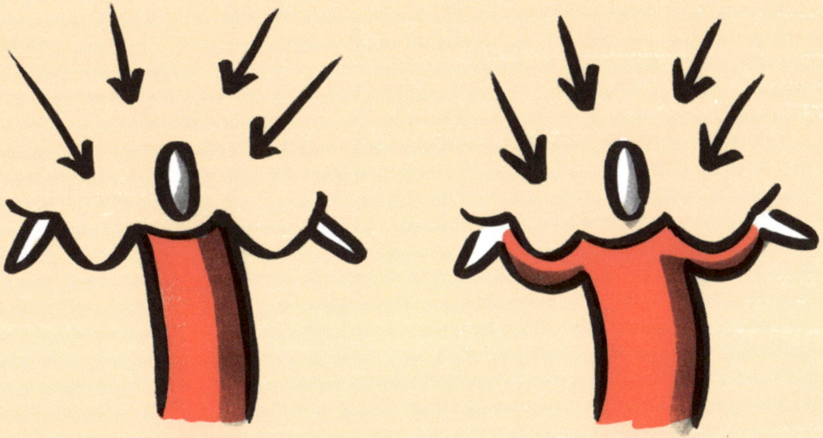

offen
aufgeschlossen
unvoreingenommen

Open
Approachable
Impartial

zuversichtlich
optimistisch
hoffnungsvoll

Confident
Optimistic
Hopeful

entspannt
gelassen
locker
zufrieden

Relaxed
Serene
Calm
Satisfied

dankbar
reich beschenkt

Grateful
Richly blessed

zugeneigt
liebevoll
zärtlich

Affectionate
Loving
Tender

erwartungsvoll
neugierig

Expectant
Curious

balanciert
im Gleichgewicht

Balanced
At equilibrium

motiviert
zielstrebig

Motivated
Determined

bewegt
ergriffen
berührt

Moved
Taken
Touched

inspiriert

Inspired

loyal

Loyal

entlastet
erleichtert

Unburdened
Relieved

neugierig

Curious

mutig
ermutigt

Brave
Encouraged

entlastet
erleichtert

Unburdened
Relieved

entzückt
erfreut

Delighted

angeregt
belebt

Inspired
Stimulated

stolz

Proud

glücklich
selig

Happy
Overjoyed

vertrauensvoll

Trusting

energiegeladen
kraftvoll

Energized
Powerful

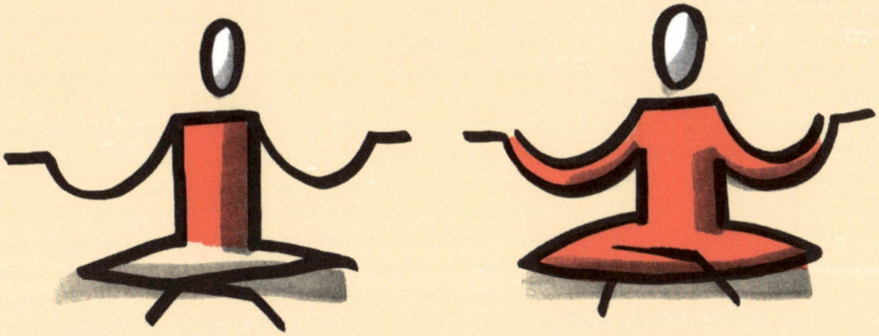

zentriert
verbunden

Centred
Connected

aufgeregt
bewegt
ergriffen

Excited
Moved
Stricken

kraftvoll
stark
gestärkt

Powerful
Strong
Strengthened

still
ruhig
friedlich
beruhigt

Still
Calm
Peaceful
Reassured

positiv
zustimmend

Positive
Approving

inspiriert
ideenvoll

Inspired
Full of ideas

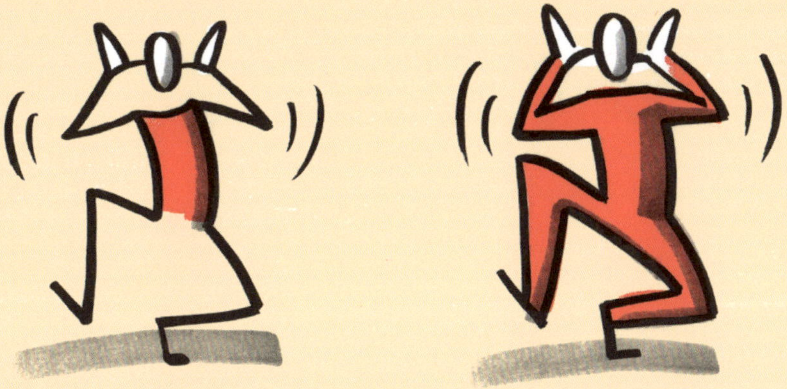

ausgelassen
albern
verspielt

High-spirited
Foolish
Playful

beschwingt
vergnügt

Lively
Amused

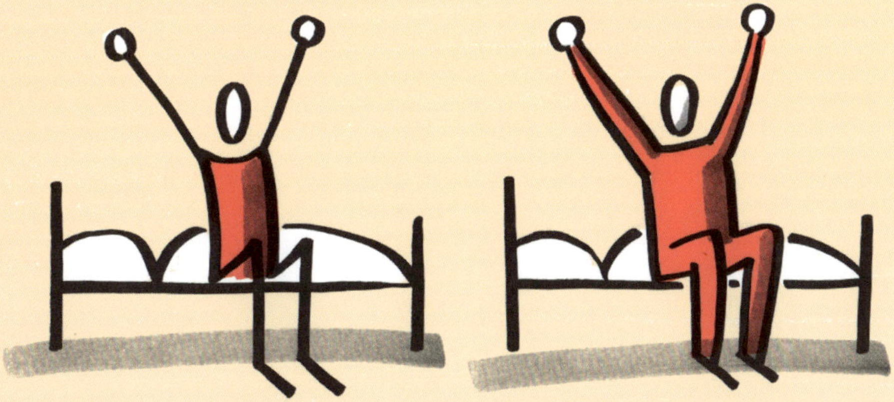

wach
hellwach

Awake
Wide awake

ärgerlich
wütend
sauer
zornig
agressiv

Annoyed
Angry, Aggressive
Cross
Furious
Sore

eingeschränkt
eingeengt
behindert

Limited
Constrained
Handicapped

belastet
überlastet

Charged
Overstretched

panisch
ängstlich

Panicked
Afraid

streitlustig

Argumentative

unterkühlt
verkopft
blockiert
unverbunden

Reserved
Overly intellectual
Blocked
Unconnected

hilflos
bedroht
ängstlich
hysterisch
verzweifelt

Helpless
Threatened
Afraid
Hysterical
Despairing

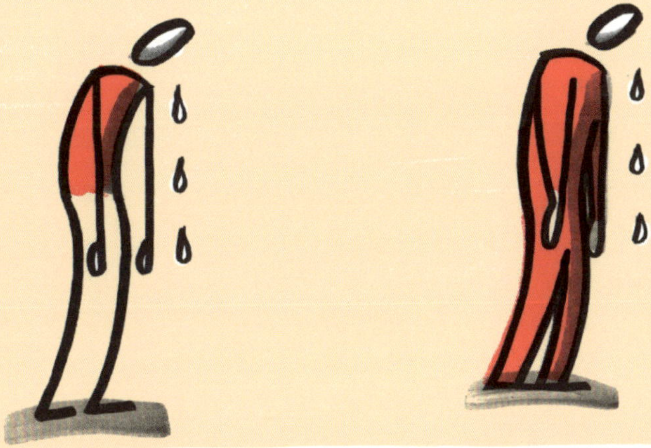

traurig
niedergeschlagen
unglücklich

Sad
Despondent
Unhappy

panisch
entsetzt
alarmiert
besorgt
unruhig

Panicked
Appalled
Alarmed
Worried
Restless

änstlich
alarmiert
besorgt

Afraid
Alarmed
Worried

überlastet
belastet
unter Druck

Overstretched
Stressed
Under pressure

ratlos
unentschlossen
irritiert
orientierungslos

Baffled
Undecided
Irritated
Disorientated

bedroht
ängstlich

Threatened
Afraid

gestresst
eilig
unter Druck
angespannt

Stressed
Hurried
Under pressure
Tense

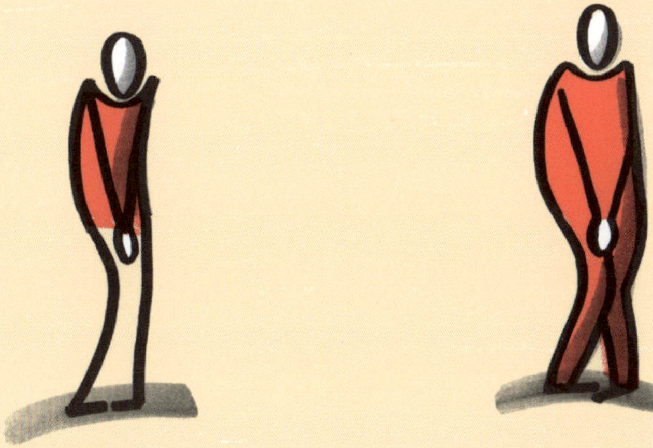

verklemmt

Inhibited

ratlos
unentschlossen
irritiert

Baffled
Undecided
Irritated

ungeduldig

Impatient

durcheinander
konfus

Upset
Confused

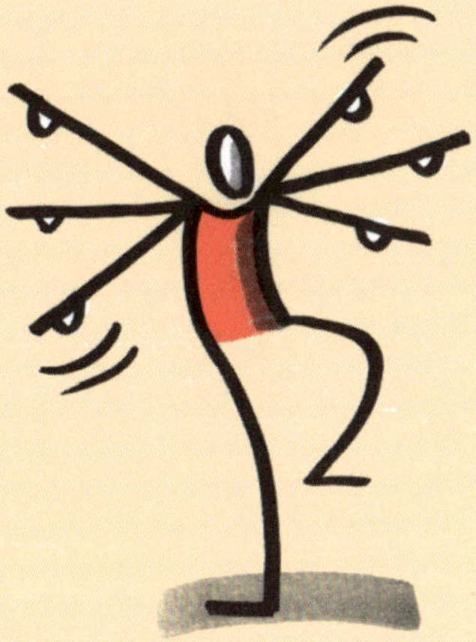

perplex
verwirrt
irritiert
durcheinander
zappelig

Perplexed
Confused
Irritated
Mixed up
Fidgety

kraftlos
erschöpft
schlapp
lustlos
müde

Weak
Exhausted
Run down
Listless
Tired

verwundert
erstaunt

Amazed
Astonished

wahnsinnig
durchgedreht

Mad
Crazy

unruhig
zappelig
angespannt

Restless
Fidgety
Tense

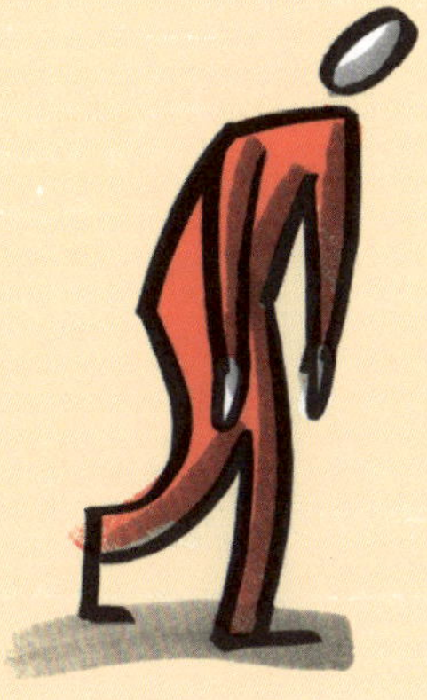

mutlos
schlapp

Discouraged
Listless

angewidert
angeekelt

Disgusted
Nauseated

wütend
zornig
geladen

Furious
Angry
Livid

gelangweilt

Bored

traurig
verzweifelt

Sad
Despairing

verzweifelt
depressiv
am Boden zerstört

Desperate
Depressive
Devastated

einsam

Lonely

Bedürfnisse
Needs

Jedes Gefühl (ob positiv oder negativ) wurzelt laut Marshall B. Rosenberg (siehe Seite 17) in einem **erfüllten oder nicht erfüllten Bedürfnis**. Auch die Bildbegriffe in diesem Kapitel wurden durch seine Arbeit inspiriert. Wir haben sie in persönliche Bedürfnisse, Bedürfnisse, die sich auf die Gemeinschaft mit anderen beziehen, Bedürfnisse des Körpers und Bedürfnisse von Geist und Seele gruppiert.

Diese Sammlung hat, genauso wie die anderen in bikablo® emotions, keinen Anspruch auf Vollständigkeit. Sicher fallen Ihnen weitere Bedürfnisse ein. Versuchen Sie dann, einen eigenen Bildbegriff dafür zu schaffen. Nutzen Sie dafür die »positiven« Gefühlsdarstellungen aus Kapitel B und kombinieren Sie sie mit Gegenständen und Symbolen: Welcher Gegenstand, welche Situation oder welche Handlung kann genau das darstellen, was ich für ein bestimmtes Gefühl benötige?

Every feeling (positive or negative) is rooted in a **fulfilled or unfulfilled need,** according to Marshall B. Rosenberg (see page 17). His work also inspired the image concepts in this Chapter. We've grouped them into personal needs, needs related to community with others, physical needs and needs of the mind and spirit.

Of course, this collection, like the others in bikablo® emotions, is by no means complete. You will definitely think of other needs. If so, try to create your own image for it. To do so, use the "positive" feeling pictures from Chapter B and combine them with objects and symbols: Which object, situation or action can precisely represent the things I need for a certain feeling?

Autonomie,
selbst entscheiden,
Eigenverantwortung

Autonomy,
make decisions
for one's self,
individual
responsibility

Authentizität,
Glaubwürdigkeit,
Ehrlichkeit,
Offenheit

Authenticity,
credibility,
honesty,
openness

Kreativität

Creativity

einen Beitrag leisten können, Wirksamkeit

Ability to make a contribution, effectiveness

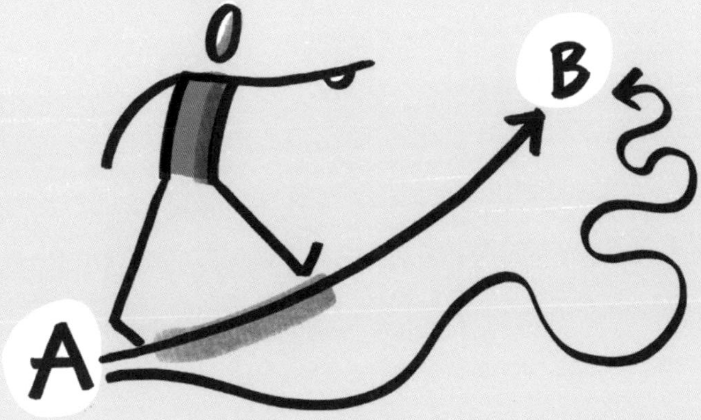

Effizienz, z.B. Zeit effizient nutzen

Efficiency, e.g. using time efficiently

Selbstwert

Self-worth

Selbsterkenntnis

Self-knowledge

Verluste betrauern

Mourning loss

Erfolge feiern

Celebrating success

lernen,
Weiterentwicklung

Learning,
further development

Unterhaltung,
Zerstreuung

Entertainment,
diversion

Anregung,
Neues,
Tapetenwechsel

Excitement,
something new,
change of scenery

Akzeptanz, Respekt, Wertschätzung, Gleichwertigkeit, Anerkennung

Acceptance, respect, appreciation, equality, recognition

Freude, Lachen, Lebendigkeit, Spiel

Joy, laughter, liveliness, play

Gemeinschaft, Teamgeist, Zugehörigkeit

Community, team spirit, belonging

Unterstützung

Support

Sicherheit,
Schutz

Security,
Protection

Vertrauen,
Verlässlichkeit

Trust,
Reliability

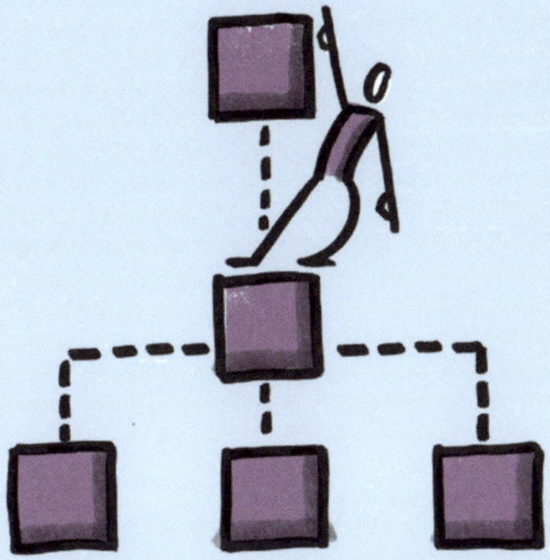

Struktur,
Klarheit,
Transparenz,
Orientierung

Structure,
Clarity,
Transparency,
Orientation

Verständnis,
Empathie,
Rücksichtnahme

Understanding,
Empathy,
Consideration

Liebe,
Nähe,
Geborgenheit,
Intimität,
Sexualität

Love,
Closeness,
Comfort,
Intimacy,
Sexuality

Luft, Nahrung,
Wasser, Wärme,
Unterkunft,
Schutz des Körpers,
Unversehrtheit

Air, food, water,
heat, shelter,
physical protection,
integrity

Bewegung,
Körpertraining,
Aktivität,
Spannung

Movement,
physical exercise,
activity,
tension

Entspannung,
Ruhe,
Regeneration,
Muße

Relaxation,
quiet,
regeneration,
leisure

Schönheit,
Ästhetik

Beauty,
aesthetics

Inspiration

Inspiration

Harmonie,
Balance,
Ausgeglichenheit

Harmony,
balance,
equilibrium

Frieden

Peace

spirituelle
Verbundenheit
(mit dem Kosmos,
mit Gott ...)

Spiritual
connectedness
(with the cosmos,
with god ...)

Sinn
Ziele
Werte
Lebensinhalt

Purpose
goals
values
purpose in life

emotionale Situationen
Emotional Situations

In diesem Kapitel stellen die Figuren kleine symbolische Szenen dar, die sich **zwischen zwei Menschen** abspielen, **in einer Gruppe** und **zwischen Führungskraft und Gruppe.**

Der griechische Philosoph Heraklit erkannte, dass Zustände stets mit ihrem Gegenteil verschränkt sind. Diesem Gedanken folgend haben wir jeder Situation ihr Gegenstück gegenübergestellt: Der Provokation die Beschwichtigung, dem Streit die Schlichtung, der Entmutigung die Ermutigung.

Damit könnten Sie fragen: »Was müssen wir tun, um vom einen Zustand in den anderen zu gelangen?«. Anschließend könnten Sie Ihren Klienten bzw. die Gruppe bitten, passende Bilder für Stationen eines Veränderungsprozesses auszuwählen oder einen Lösungsweg als Bildgeschichte zu entwickeln.

Gleichzeitig drückt sich für uns als (Visual) Facilitators in dieser Sammlung unsere dialogorientierte Haltung und unsere Vision für die Zusammenarbeit von Menschen und Organisationen aus. Erfahren Sie mehr darüber unter www.kommunikationslotsen.de!

In this chapter, the figures represent small symbolic scenes that take place **between two people, in a group** and **between management and groups.**

The Greek philosopher Heraclitus recognized that states are always interlocked with their opposite. Following this line of thought, we presented each situation with its counterpart: The provocation, the reassurance; the conflict, the resolution; the demotivation, the motivation.

In this way, you can ask: “What do we need to do to move from one state to the other?” Then you can ask your clients or the group to select fitting images for the stations in a change process or to develop a solution as a comic strip.

At the same time, this collection expresses our dialogue-oriented attitude as (visual) facilitators and our vision for the collaboration of people and organizations. You can learn more about this at www.kommunikationslotsen.de.

sich mit jemandem verkrachen
Fall out with someone

sich mit jemandem versöhnen
Make peace with someone

jemanden verletzen
Hurt someone

jemanden trösten
Comfort someone

jemanden nicht ernst nehmen, verarschen
Not take someone seriously, make fun of someone

jemanden ernst nehmen
Take someone seriously

jemanden provozieren
Provoke someone

jemanden beschwichtigen
Reassure someone

jemanden stören
Disturb someone

jemanden in Ruhe lassen, jemandes Raum / Ruhe respektieren
Leave someone in peace, respect someone"s space / quiet

jemanden unterbrechen, das Wort abschneiden
Interrupt someone, cut someone off

jemanden aussprechen lassen
Allow someone to speak

über jemanden urteilen, jemanden verurteilen
To pass judgment on someone

jemandem neutral, urteilsfrei begegnen
Be neutral towards someone, reserve judgment

jemanden missachten, nicht beachten, übergehen
Disregard someone, not pay attention, ignore someone

jemanden beachten, wertschätzen, respektieren, anerkennen
Pay attention to someone, value, respect, recognize someone

jemanden
desinformieren,
jemandem
Informationen
vorenthalten
Misinform someone,
withhold information
from someone

jemanden
informieren, relevante
Informationen teilen
Inform someone, share
relevant information

jemanden
falsch beraten
Advise someone
incorrectly

jemanden
richtig beraten
Advise someone
correctly

einen Sieg ausnutzen, über einen Unterlegenen triumphieren
Exploit a victory, triumph over a losing party

einen Verlierer fair behandeln
Treat a losing party fairly

jemanden angreifen, bedrohen
Attack, threaten someone

jemandem friedvoll begegnen
Be peaceful towards someone

jemanden ignorieren,
jemandem nicht
zuhören
Ignore someone,
not listen to someone

jemandem
aufmerksam zuhören
Listen to someone
attentively

jemanden
missverstehen,
nicht verstehen
Misunderstand
someone

jemanden verstehen,
Verständnis suchen
Understand someone,
seek understanding

jemanden verlassen,
im Stich lassen
Leave someone behind,
leave someone high
and dry

jemanden begleiten,
jemanden coachen
Accompany someone,
coach someone

jemanden abweisen,
zurückweisen
Turn someone away,
reject someone

jemanden einladen,
aufnehmen,
Willkommen heißen
Invite someone in,
take them in,
welcome them

jemanden
hintergehen,
hinters Licht führen,
jemandes Vertrauen
missbrauchen
Betray someone,
deceive someone,
abuse someone's trust

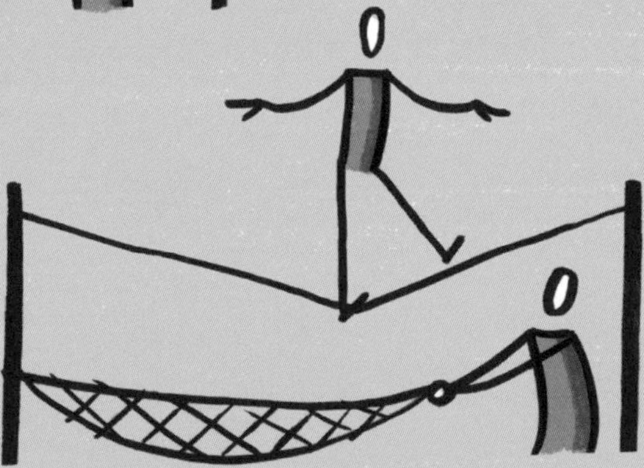

jemandes Vertrauen
respektieren,
sich des Vertrauens
würdig erweisen
Respect someone's
trust, be worthy
of that trust

jemanden abwerten,
niedermachen
Denigrate someone,
lash out at someone

jemanden aufwerten,
auszeichnen
Appreciate someone,
praise

jemanden ins offene
Messer laufen lassen,
ausliefern
Allow someone
to walk into a trap,
give someone up

sich zu jemandem
loyal verhalten,
jemanden verteidigen
Be loyal to someone,
defend someone

jemanden sabotieren
Sabotage someone

zu jemandem
loyal sein
Be loyal to someone

jemanden ausschließen
Exclude someone

jemanden einbinden
Include someone

einen Konflikt unausgesprochen lassen, schwelen lassen
Letting a conflict go unspoken, let it smolder

ein Problem, einen Konflikt aussprechen bzw. angehen
Address, deal with a problem, conflict

eine gemeinsame Vereinbarung missachten
Ignore a mutual agreement

eine gemeinsame Vereinbarung einhalten
Adhere to a mutual agreement

einen Buhmann/ Schuldigen/ Sündenbock für ein Problem suchen
Look for a bogeyman/ guilty party/ scapegoat for a problem

eine Situation gemeinsam lösungsorientiert angehen
Approach a situation together, in a goal-oriented manner

sich von einer Gruppe absondern, abspalten
Isolating one"s self from a group, separating

sich in eine Gruppe integrieren, zusammenhalten
Integrate one"s self into a group, keep together

jemanden mobben, gegen jemanden intrigieren, sich gegen jemanden zusammenschliessen
Gang up on someone, plot against someone, team up against someone

Gemeinsam nach einer Lösung suchen
Find a solution together

sich destruktiv streiten
Fight destructively

im gemeinsamen Dialog Lösungen finden
Find solutions in shared dialogue

für andere sprechen
Speak for others

für sich selbst sprechen, andere für sich selbst sprechen lassen
Speak for one's self, allow others to speak for themselves

jemanden an eigenen Erfahrungen hindern, wissen, was für andere gut ist
Prevent someone from gaining their own experience, know what's good for others

jemandem eigene Erfahrungen ermöglichen
Allow someone to form their own experiences

jemanden bevormunden
Patronizing someone

jemanden für sich selbst sprechen / sorgen lassen
Allowing someone to speak for themselves / take care of themselves

jemanden zwingen, nötigen
Force someone, coerce

jemanden ermutigen, Vorbild sein
Encourage someone, set an example

sich über jemanden stellen, jemanden von oben herab behandeln
Put one's self above someone else, look down on someone

einen hierarchiefreien Dialog führen
Lead a hierarchy-free dialogue

jemanden jagen,
hetzen, stressen
Chase, rush,
stress someone

jemandem Zeit/
Freiräume geben
Give someone time/
freedom

jemanden mit einer
Aufgabe/ einem
Problem alleine lassen
Leave someone alone
with a task/a problem

jemandem helfen,
den Rücken frei halten,
jemanden unterstützen,
zur Verfügung stehen
Help someone to
relieve their load,
support someone,
be available for
someone

jemanden
demotivieren,
demoralisieren,
entmutigen,
kritisieren
Demotivate,
demoralize,
discourage someone,
criticize

jemanden motivieren,
ermutigen,
aufbauen
Motivate,
encourage someone,
build someone up

jemanden
einschüchtern
Intimidate someone

jemanden ermutigen
Encourage someone

jemanden
klein halten
Make someone
feel small

jemanden
wachsen lassen
Allow someone
to grow

jemanden
vernachlässigen
Neglect
someone

sich um jemanden
kümmern, sorgen,
jemanden beschützen,
verteidigen
Take care of someone,
protect, defend
someone

jemanden niedermachen, abwerten
Lash out at someone, denigrate someone

jemanden aufwerten, auszeichnen, wertschätzen
Appreciate someone, honor someone, cherish

jemanden steuern, manipulieren, als Werkzeug betrachten
Control, manipulate someone, see someone as a tool

jemandes Selbststeuerung vertrauen, jemandem das Werkzeug an die Hand geben
Trust in someone's self-direction, give someone the tools

jemanden bevorzugen
oder benachteiligen
Favor someone or
discriminate

Menschen
gleichwertig
behandeln
Treat people equally

Sich mit den
Leistungen anderer
schmücken
Take credit
for the achievements
of others

das Team/die Gruppe
für ihre Leistungen
würdigen
Honor the team/
group for their
achievements

einen Beitrag missachten
Ignore a contribution

einen Beitrag würdigen
Value a contribution

das Wissen der Gruppe missachten, ignorieren
Ignore the knowledge of the group

das Wissen der Gruppe nutzen, die Gruppe für ihre Beiträge wertschätzen, von der Gruppe lernen
Use the knowledge of the group, value the group for their contributions, learn from the group

Einzelne isolieren, eine Gemeinschaft zerstören, Austausch unterbinden
Isolate individuals, disrupt a feeling of community, prevent exchange

eine Gruppe/ Gemeinschaft bilden, Team-/Community Building, Austausch ermöglichen
Build a group/ community, team building, enable exchange

eine Gruppe trennen, entzweien, spalten
Separate, divide, break up a group

eine Gruppe miteinander verbinden, eine Gemeinschaft bilden
Unify group, build a community

73

Anhang
Appendix

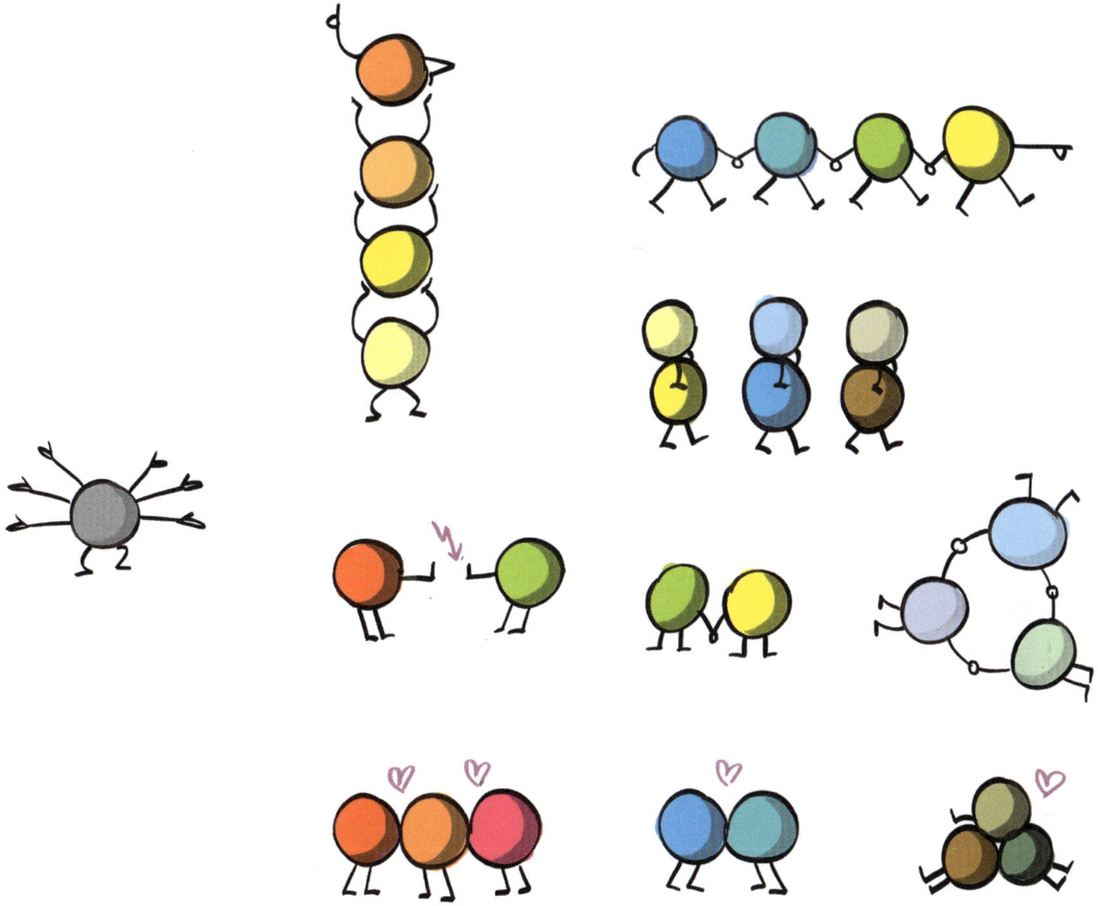

- **Verwenden Sie für die Konturlinie den wischfesten und nicht durchschlagenden Neuland Outliner.** So erreichen Sie eine ruhige, einheitliche Gesamtwirkung und bleiben flexibel in der späteren Farbgebung.
- **Verwenden Sie zum Colorieren und Schattieren helle Farbtöne.** Die dunklen Farben des Sortiments wie blau, violett, dunkelbraun oder dunkelrot eignen sich weniger dafür.
- **Verwenden Sie nicht zu viele unterschiedliche Farben** für eine Visualisierung. Wählen Sie die Farben nach folgenden Kriterien aus:

> **Farbtöne aus einem Bereich** (z. B. Pastelltöne ODER Erdtöne)

> Im Farbkreis **benachbarte Farbtöne**, z. B. orange/gelb/brillantgelb/pastellgelb; hellgrün/türkis/hellblau/pastellblau; rosa/pink/pastellviolett

- **grau** passt zu jeder Farbe!

- **Use the smudge-proof and non-penetrating Neuland Outliner for the contour line.** This allows you to achieve a smooth, unified overall impression and remains flexible when adding color later.
- **Use the light colors for coloring and shading.** The dark colors in the range such as blue, violet, dark brown or dark red are less suitable for this purpose.
- **Do not use too many different colors for a visualization.** Select a color using the following criteria:

> **Colors from one sector** (e.g. pastels OR earth tones)

> **Neighbouring colors from the color wheel,** e.g. orange/yellow/brillant yellow/ pastel yellow; light green/turquoise/light blue/pastel blue; rose/pink/pastel violet

- **grey** goes with any color!

Neuland No.One® Outliner, Keilspitze Spezialmarker mit permanenter Tintenfüllung und spezieller Spitze für Visualisierungs-Outlines. Die permanente Tinte verhindert das Durchschlagen auf das nächste Blatt und das Verschmieren der Konturtinte bei nachträglichem Colorieren mit den farbigen Neuland-Markern.
Neuland No.One® Outliner,wedge nib Professional marker filled with permanent ink and suitable nib for outlines. The permanent ink will not bleed through paper or smudge when using Neuland markers in other colors.

Neuland No.One®, Keilspitze Der international erfolgreiche Lieblingsmarker von Trainern und Visualisierern. In vielen Farben erhältlich. Tinte auf Wasserbasis, nachfüllbar. Keilspitze, Strichbreite 2-6 mm.
Neuland No.One®, wedge nib This bestselling marker is an international favorite amongst trainers and graphic visual artists. Available in many gorgeous colors. Water-based ink, refillable. Wedge nib, line widths: 2-6 mm.

Neuland BigOne®, Keilspitze Der BigOne im großen Farbsortiment. Profi Equipment für ausdrucksstarke Visualisierungen. In vielen Farben erhältlich. Tinte auf Wasserbasis, nachfüllbar. Keilspitze, Strichbreite 6-12 mm.
Neuland BigOne® The BigOne in a wide range of colors. Professional equipment for expressive visualization. Available in many gorgeous colors. Water-based ink, refillable, wedge nib, line widths: 6-12 mm.

ArtMarker Neuland No.One® Darauf haben Visualisierer lange gewartet! Der ArtMarker kombiniert die bewährten Eigenschaften des No.One mit einer dynamischen Pinselspitze und sorgt somit für einen charaktervollen Strich, der durch Änderung von Druck und Winkel variiert werden kann. In vielen Farben erhältlich. Tinte auf Wasserbasis, nachfüllbar. Pinselspitze, Strichbreite 0,5-7 mm.
Neuland No.One® ArtMarker Introducing the exciting ArtMarker! The No.One marker comes with a brush nib for the artist in you to really let loose and create all those dramatic lines where standard nibs cannot go. Available in many gorgeous colors. Water-based ink, refillable, brush nib, line widths: 0.5–7 mm.

Bezug/distribution: www.neuland.com

bikablo® 1

Visuelles Wörterbuch

Der »Ur-bikablo®« (Bilder-Karten-Block) ist Ihre Eintrittskarte in die Welt der Visualisierung: Ein einzigartiges Nachschlagewerk der Bildsprache mit hunderten von erfolgreichen Bildsymbolen auf 131 Seiten in der einfach zu zeichnenden bikablo®-Technik. Überarbeitete Auflage.
ISBN 978-3-940315-21-2

Visual Dictionary

The "first bikablo®" (image card block) is your admission ticket to the world of visualization: a unique reference work of visual communication with hundreds of successful visual symbols on 131 pages using the easy-to-draw bikablo® technique. Revised edition.
ISBN 978-3-940315-21-2

bikablo® 2.0

Visuelles Wörterbuch

bikablo® erhält Verstärkung! Die beliebtesten Figuren, Grafiken, Symbole und Plakat-Layouts – und nach Themen gegliederte Kapitel wie z.B. »Workshop/Meeting/Seminar/Training« oder »Unternehmen/Organisation/Markt«. ISBN 978-3-940315-05-2

Visual Dictionary

Bikablo® is getting reinforcements! The most popular figures, graphics, symbols and poster layouts – and chapters sorted by topic such as "Workshop/Meeting/Seminar/Training" or "Company/Organization/Market". ISBN 978-3-940315-05-2

UZMO – Denken mit dem Stift

Das Praxisbuch zur bikablo®-Visualisierungstechnik

U, Z, M und O bilden die kleine Glühbirne, die inspiriert und neue Gedanken aus Köpfen und Herzen lockt. Bikablo®-Erfinder Martin Haussmann stellt erstmalig ein Gesamt-system aus visuellem Lernen, Sketchnoting, Graphic Recording und Visual Facilitating vor. Für dieses Buch wurde der Redline-Verlag als Partner gewonnen, um auch Menschen außerhalb des Neuland-Universums für visuelles Denken zu begeistern. Als Mitglied der »bikablo®-Familie« ist das Buch natürlich bei Neuland erhältlich. 304 Seiten, durchgehend vierfarbig. ISBN 978-3-86881-517-7

(nur auf deutsch – only in German)

bikablo® toolbox

Starter-Ausstattung für Visualisierungsbegeisterte
Starter equipment for visualisation aficionados

Professionell zusammengestelltes Startset für Visualisierer, mit Markern, Kreiden, Moderationskarten und einem Booklet mit „12 bikablo® FlipChart-Tipps".

Professional StarterSet for visualisers consisting of markers, chalks, workshop cards and as highlight component the "12 bikablo® FlipChart Tips" booklet.

bikablo® sketchbook

Skizzenbuch mit visuellen Vorlagen und Übungen
Sketchbook with Visual Templates and Exercises

Ein Skizzenbuch mit inspirierendem »Symbol-Spickzettel« und einfachen Visualisierungsaufgaben, die in die Grundlogik der bikablo® Zeichentechnik einführen. Zum Visualisieren üben, Ideen notieren oder einfach nur zum Reinkritzeln.

A sketchbook with an inspiring "symbol cheat sheet" and simple visualization tasks to introduce you to the basic logic behind bikablo® drawing techniques. For you to practise visualisation, note down ideas or just doodle.

bikablo® workshop cards

Ideencontainer für die Pinwand
Idea Containers for Pinboard

Die Ausdruckskraft der Visualisierung im eigenen Training anwenden: vorgestanzte Formen und »Textcontainer« für die Pinwand und viele weitere Einsatzmöglichkeiten rund um Trainings, Workshops, Meetings und Konferenzen.

Use the expressive nature of visualization in your own training sessions: pre-cut forms and "text container" for the pinboard and many other possible uses.

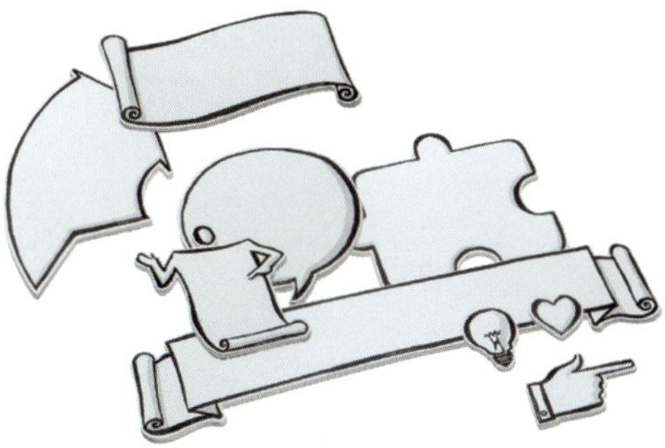

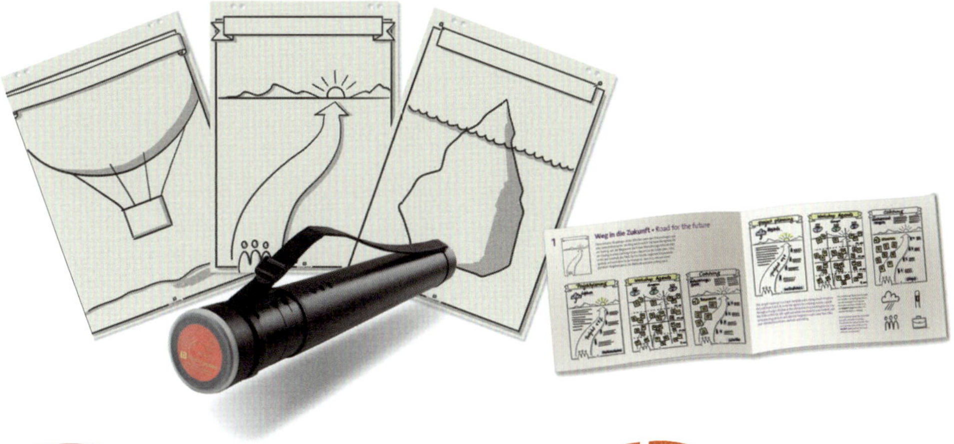

bikablo® posters

FlipChart-Vorlagen für Visualisierung
Flipchart Templates for Visualization

Die 10 erfolgreichsten FlipChart-Plakatvorlagen zum reinschreiben, durchpausen oder mit mitgelieferter Transparentfolie und Whiteboart-Marker immer wieder neu beschriften.
Mit ausführlichem Methoden-Beiheft und vielen Anwendungsbeispielen.

The 10 most successful flipchart poster templates to write on, trace or overwrite with the included transparent foil and whiteboard markers. Includes detailed supplementary booklet and many example applications.

bikablo® icons

Kartenbox für visuelle Methoden
Card Box for Visual Methods

120 Symbole, 30 Aktions- und 60 Emotionskarten in der praktischen Novario®-Box: Noch nie war es so einfach, mit den beliebten bikablo®-Motiven Ihre Visualisierung zu bereichern!
Incl. ausführlichem Beiheft, leeren Karten und 3 Markern.
ISBN 978-3940315151

120 symbols, 30 action and 60 emotion cards in the practical Novario® box: it has never been easier to enrich your visualization using the popular bikablo® motifs! Includes detailed supplementary booklet, empty cards and 3 marker. ISBN 978-3940315151

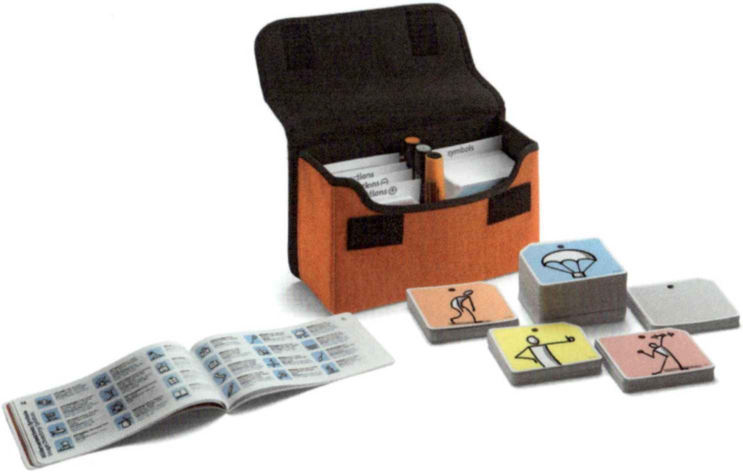

facilitating tools by kommunikationslotsen

Lernlandkarten

Konzentriertes Facilitation-Know-how für Open Space, World Café, Appreciative Inquiry, Visual Facilitating, Projektmanagement, Storytelling, Zukunftskonferenz, Dynamic Facilitation, The Circle Way und The Scrum Flow, knapp erklärt und prägnant illustriert.

Learning Maps

Concentrated facilitating know-how for World Café, Appreciative Inquiry, Future Conference, Open Space, Visual Facilitating, Project Management, Storytelling, Dynamic Facilitation, The Circle Way and The Scrum Flow, briefly explained and concisely illustrated.

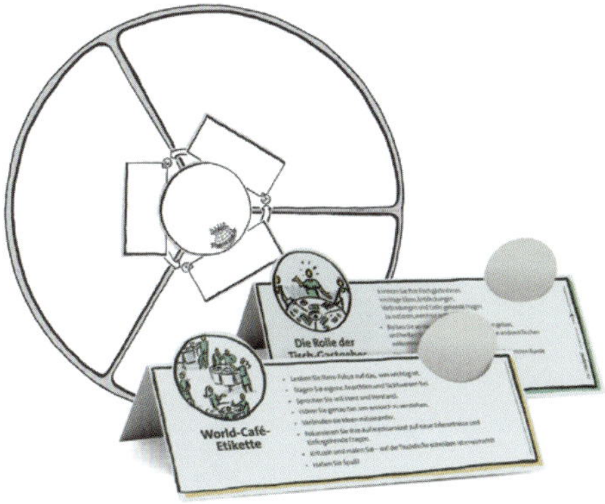

World Café Material

Mit der Dialogmethode World Café Raum für echte Begegnung und Austausch schaffen. Wir helfen dabei mit dem Tischaufsteller, der World-Café-Etikette und den Tischdecken zum draufschreiben aus der Praxis der Kommunikationslotsen.

Create space for real meeting and exchange with the World Café dialogue method. We provide support with the table displays, the World Café stickers and tablecloths to write on, all based on the practical experience of Kommunikationslotsen.

Open Space Material

Dieses Set enthält das wichtigste Basis- Know-how und Material für die Durchführung eines Open Space mit bis zu 120 Teilnehmern: Lernlandkarte Open Space, Prinzipien- und Ergebnisplakate, Anliegenblätter, Open Space Eröffnung, Karten und Marker.

This set includes the most important basic know-how and materials to carry out an Open Space with up to 120 participants: Open Space learning map, principle and result posts, discussion sheets, Open Space welcome, cards and markers.

In unseren **bikablo® Visualisierungstrainings** bieten wir Ihnen einen Einstieg in die wunderbare Welt der visuellen Sprache. Sie starten von Ihrem individuellen Stand aus und lernen an 2 Tagen Visualisieren mit der **bikablo® Technik,** einer einfach zu lernenden, systematischen visuellen Sprache, auf der auch unsere bikablo® Produkte basieren.

Im **Visual Facilitator Curriculum** bieten wir Visual Facilitating für Fortgeschrittene an: **Visual Storytelling, Graphic Recording, Visual Meeting Facilitation und Visual Consulting.** Die **Trainings-Specials** decken spezielle Themen ab – von Sketchnoting bis Visual Scrum. Unsere Visualisierungstrainings **inhouse** werden maßgeschneidert auf die Bedürfnisse Ihrer Firma, Ihres Verbands oder Netzwerks.

Wenn Sie sich für Methodenwissen, Moderations-Verfahren und Fragen der Prozessbegleitung (Facilitation) interessieren, empfehlen wir das **Facilitator Curriculum** der Kommunikationslotsen.

Our **bikablo® Visualization Training Sessions** offer you an introduction into the wonderful world of visual language. Begin at your personal starting point and spend 2 days learning Visualization with the **bikablo® technique,** the easy-to-learn, systematic visual language on which our bikablo® products are also based.

The **Visual Facilitator Curriculum** offers Visual Facilitating for the more advanced: **Visual Storytelling, Graphic Recording, Visual Meeting Facilitation and Visual Consulting.** The **training specials** cover special topics like Sketchnoting or Visual Scrum. Our Visual Facilitating **In-house** Training Sessions are tailored to the needs of your company, your association or network.

If you are interested in methodological expertise, presentation procedures and questions of facilitation then we recommend the **Facilitator Curriculum** of Kommunikationslotsen.

Termine, Infos und Anmeldung
Dates, information and registration:
www.bikablo.com

bikablo® emotions

Visuelles Wörterbuch
Visual Dictionary

Konzept, Text, Gestaltung und Illustrationen: Martin Haussmann
Mitarbeit: Ceren Haussmann

Concept, text, design and illustrations: Martin Haussmann
Assistant: Ceren Haussmann

www.bikablo.com

bikablo® akademie

Herausgeber / Editor:
bikablo® akademie GmbH & Co. KG
Lüderichstr. 2–4, D-51105 Köln
Tel: +49 (0)221. 98 93 68 64
info@bikablo.com
www.bikablo.com
ein Unternehmen der Kommunikationslotsen
a Kommunikationslotsen company
www.kommunikationslotsen.de

neuland®

Verlag / Publisher:
Neuland GmbH & Co. KG
Am Kreuzacker 7
D 36124 Eichenzell
Fon: +49 (0) 66 59 – 88 -100
Fax: +49 (0) 66 59 – 88 -188
info@neuland.com
www.neuland.com